U0392241

给孩子的自然百科

当孩子遇见虫子

[法]樊尚•阿勒布伊 / 著
[法]罗莉亚娜•舍瓦里耶 / 绘
董馨阳 / 译

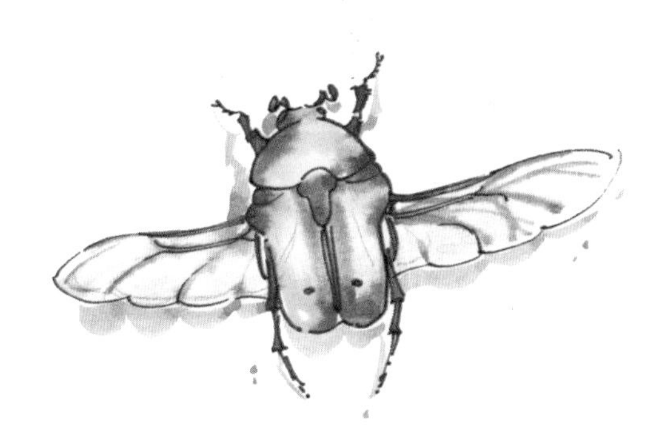

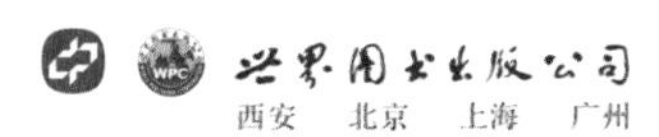

献给我的孩子和所有的小虫子。

——[法]罗莉亚娜·舍瓦里耶

目录

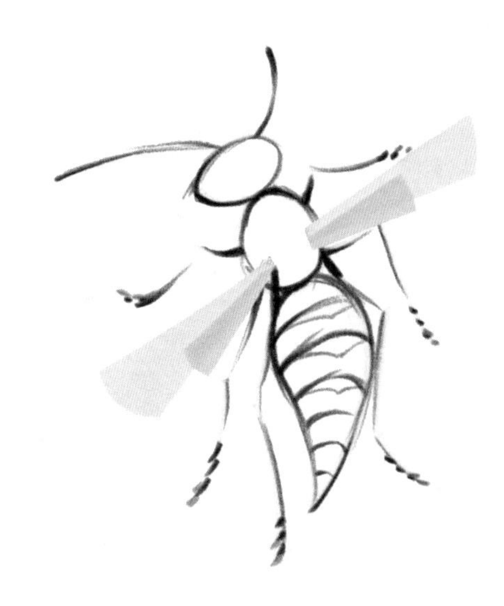

虫子是什么？

·昆虫

昆虫纲节肢动物，身体分头、胸、腹三部。胸部有足三对，通常有一对或两对翅膀，也有没有翅膀的。

一对膜质的透明翅膀

苍蝇

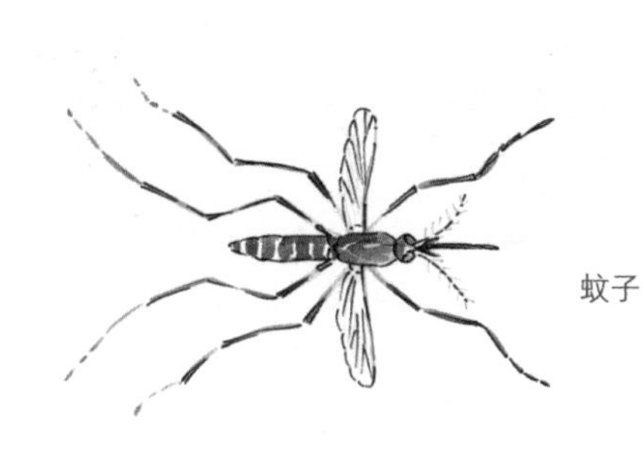

蚊子

两对膜质的透明翅膀

蝉

蜜蜂

蜻蜓

蚂蚁

胡蜂

熊蜂

两对有彩色鳞片的翅膀

不同程度硬化的前翅

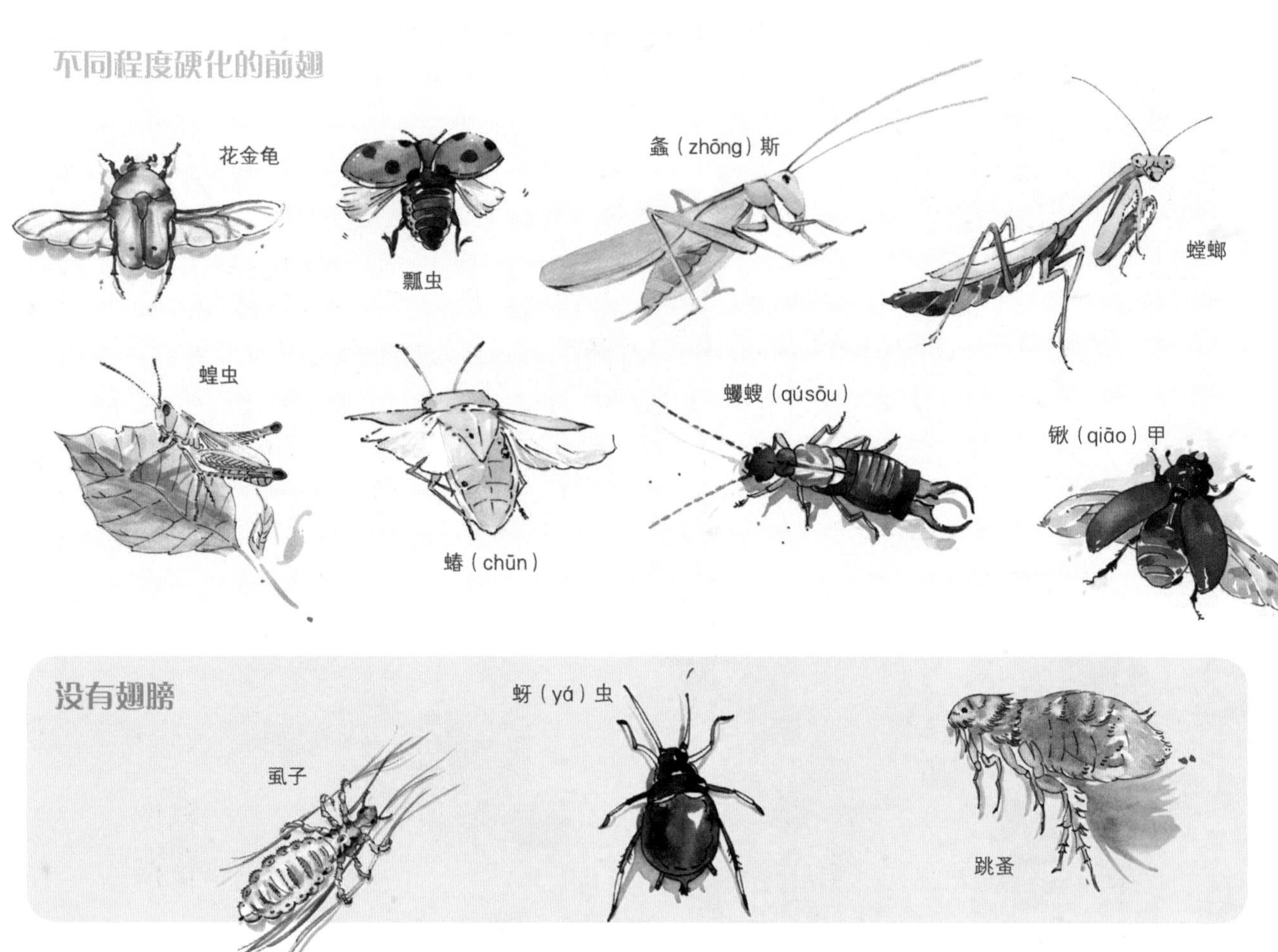

虫子是什么？

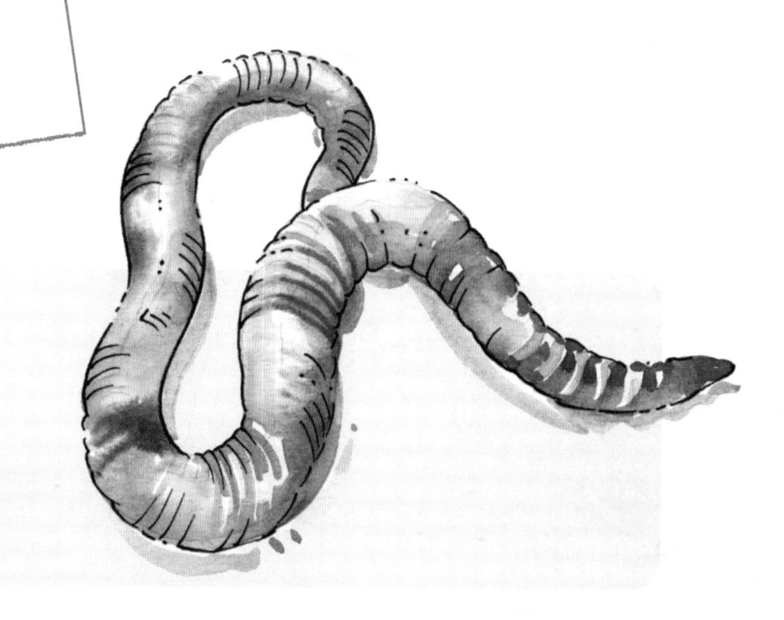

· 寡毛纲环节动物：蚯蚓

身体呈圆柱形，由多个环节组成，无足。

· 腹足纲软体动物：蜗牛和蛞蝓（kuòyú）

身体不分节，无环节，无足。

· 甲壳纲节肢动物（鼠妇）

身体呈椭圆形或长椭圆形，有七对足。

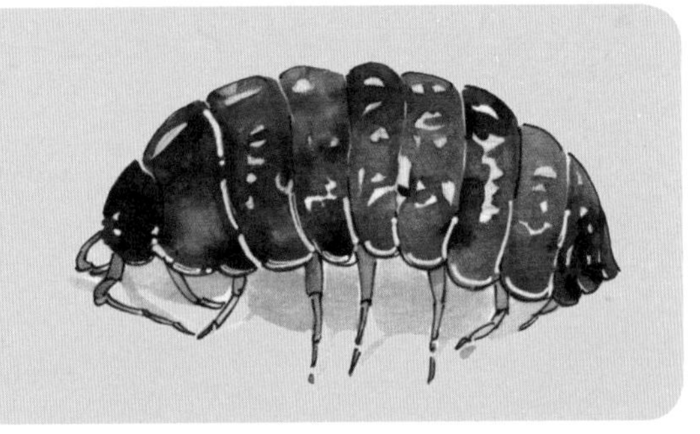

· 多足纲节肢动物（蜈蚣）

身体细长，有头部和躯干两部分，长有很多附肢。

· 蛛形纲节肢动物（蝎子和蜘蛛）

身体分为头胸部和腹部两部分，有四对足。

虫子怎么进食？

你肯定是用餐具和牙齿吃东西啦。虫子们没有餐具，也没有像人类一样的牙齿，但它们和你我一样可以吃东西，而且它们拥有的“工具”绝对能让你大吃一惊。

用于咀嚼的口器

鼠妇和大部分昆虫，如胡蜂、花金龟、蚂蚁、螽斯、螳螂、瓢虫①、蝗虫②、蠼螋、蜻蜓等，都有咀嚼式口器。咀嚼式口器能让这些小家伙们咬断并嚼碎树叶、花朵、水果、其他昆虫，甚至是硬木。

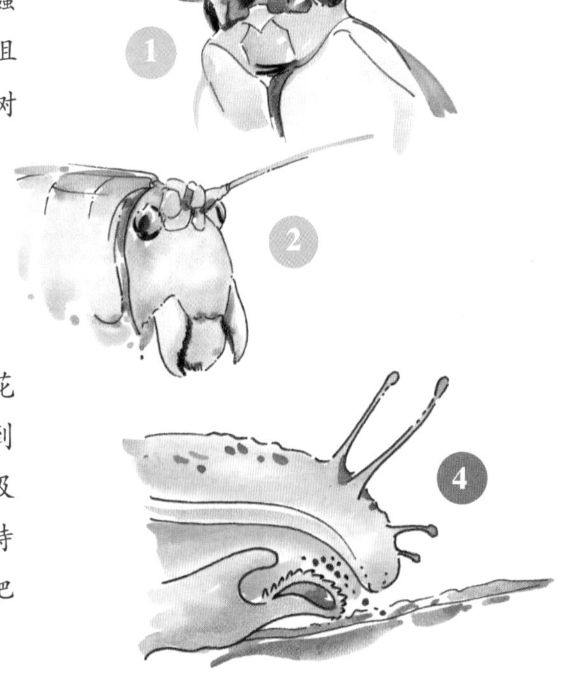

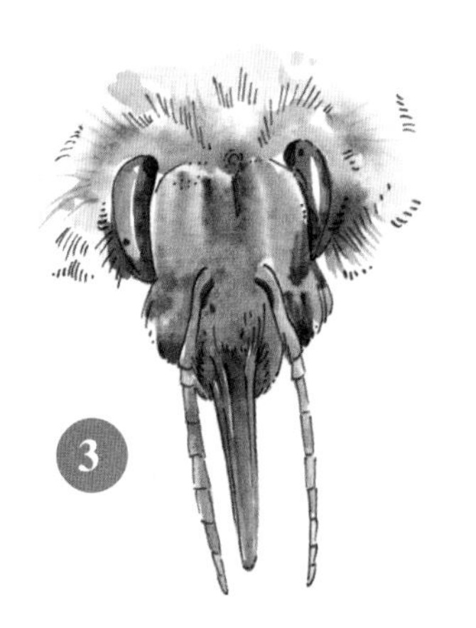

用于舔食的口器

蜜蜂③和熊蜂舔食花朵的花蜜（嚼吸式口器）。苍蝇会飞到餐桌上，舔食果酱的汁液（舐吸式口器）。蛞蝓和蜗牛④非常特别，它们有锉刀般的舌头，能把叶子“锉”成叶泥。

用于吸食的“长鼻子”

蝴蝶5和一些蛾类能喝到香甜的花蜜和汁液，但它们不是用舌头舔的，而是使用特化的虹吸式口器吸食花蜜与汁液。它们和你一样，都会用吸管喝东西！

用于穿刺的尖钩

蜘蛛6和蝎子口部有尖钩，能够刺入猎物的皮肤。尖钩中空，宛如一根管，不仅能够用来向猎物注射毒液，还能吸食食物。

用于叮刺的“针”

有些虫子长着刺吸式口器，就像一根针，能够插进植物吸食汁液或刺破动物皮肤吸血。因此，蝉7能够插入树皮吸食树汁，有些蝽8和蚜虫能够刺入茎、叶或种子，而蚊子9、虱子、跳蚤能够刺破皮肤吸血。

用于吸食的开口

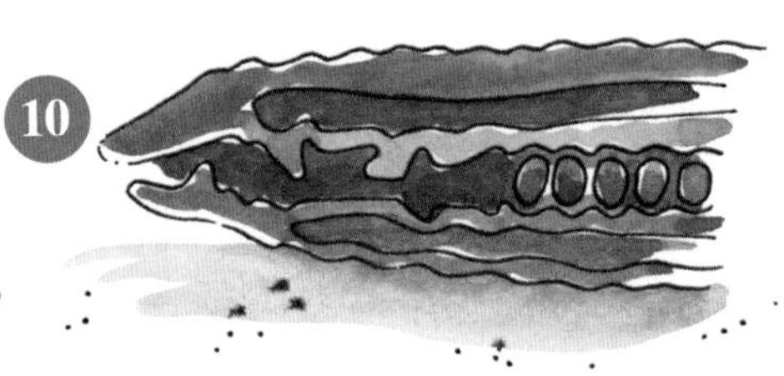

蚯蚓头部10只有一个简单的开口，用于吸食食物。

虫子是如何出生和长大的？

你是在妈妈肚子里长成宝宝的样子后出生的，而大部分虫子则是卵生的。幼虫成形后，就会破卵而出，但并不是所有的幼虫长大的方式都一模一样。

持续生长

蚯蚓、蜗牛①和蛞蝓的宝宝出生时，就和成年的样子很相似了，只不过个头更小。蜗牛宝宝从卵中出来时，背上就已经有蜗牛壳了！这个时候的蜗牛壳非常柔软，甚至是透明的。随着蜗牛宝宝的长大，蜗牛壳会渐渐变硬。

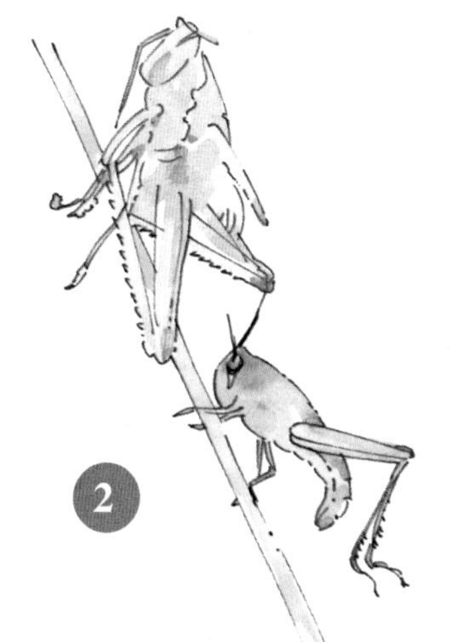

断续生长

蜘蛛、蜈蚣、鼠妇及部分昆虫（不完全变态昆虫），比如蝗虫②、螽斯、蜻蜓、蝉、螳螂、蝽、蚜虫、虱子和蠼螋等，都有用来保护自己的坚硬表皮。它们的表皮没有弹性。在长大的过程中，它们要不断丢掉一层又一层的表皮，这个过程叫蜕皮。新的表皮很柔软，有了新表皮它们就可以继续长大，新的表皮会渐渐变硬，直到下一次蜕皮。不完全变态昆虫的末龄幼体在最后一次蜕皮后，便会羽化为成虫。

完全变态

还有一部分昆虫，比如胡蜂、蜜蜂、熊蜂、蚂蚁、蝴蝶、蛾和苍蝇，它们在幼虫时期和成虫时期的外观差别很大，美丽的蝴蝶就是毛毛虫变的！末龄的幼虫蜕去旧的表皮后，并不能直接变成成虫的外观，而是变成几乎静止的虫态，即蛹，有的蛹被一层丝茧保护着，在这之后它才能变成成虫。上述昆虫都会经历从幼虫化为蛹的阶段，再羽化为成虫。

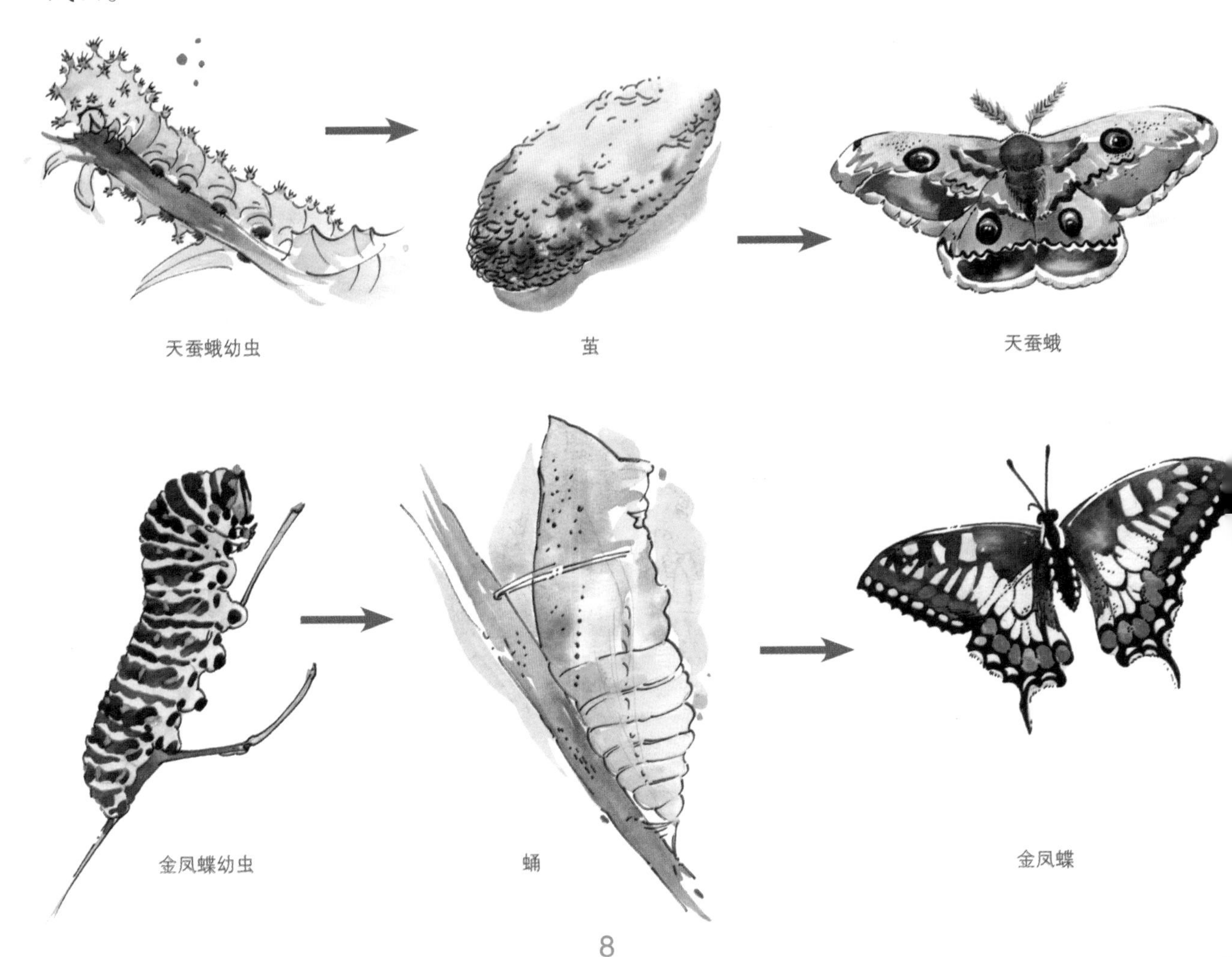

胡蜂

昆虫纲，两对透明膜质翅膀

怎么辨认胡蜂？

胡蜂长着膝状的触角，它们有着狭长的翅膀，休息时翅膀会纵向折叠。

胡蜂其实是黑色的，身上有黄色条纹和图案。

哪里能看到胡蜂？

胡蜂会用木质纤维混合唾液建造“纸质蜂巢”，因此它们的巢很怕雨淋，所以它们经常把巢建在能够避雨的树梢、岩壁或建筑屋檐下。

胡蜂怎么生活？

胡蜂会取食树汁、花粉、水果，甚至捕食其他昆虫。

胡蜂有什么小秘密？

胡蜂蜇人是为了自卫，当胡蜂落在果实上时，最好不要去打扰它。

你知道吗？

黄边胡蜂通体发黑，背上有四个点，彼此相邻，是一种体型较大的胡蜂。它们经常捕捉一些体型较大的金龟子或犀牛甲虫的幼虫来喂养自己的宝宝。

欧洲胡蜂体型偏大，胸节呈棕色。

黄边胡蜂

胡蜂

欧洲胡蜂

胡蜂的生存状况怎么样？

胡蜂因为受到杀虫剂的影响，数量较以前有所减少。但是，它们飞到餐桌上时，总把人们吓得不轻！

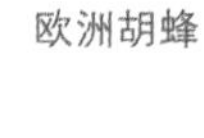

创意艺术小课堂：观察并练习画一只胡蜂吧。

艺术家提示：你可以在描图纸上刻出胡蜂的翅膀。

蜜蜂

昆虫纲，两对透明膜质翅膀

怎么辨认蜜蜂?

蜜蜂的身上长有绒毛，后足胫节粗壮。蜜蜂后足为携粉足，能够携带在花朵采集到的花粉。

蜜蜂呈深褐色，身上有浅褐色绒毛带。

蜜蜂怎么生活?

蜜蜂不停地采集花蜜，用以果腹、喂养蜂王与幼虫，或积攒起来酿蜜。

哪里能看到蜜蜂?

野生蜜蜂会在大树空心的树干、弃用的烟囱或墙洞里筑巢。但大部分蜜蜂族群被人养殖了起来，用于产蜜。

蜂巢由蜂蜡搭建而成，是成千上万个蜂脾拼在一起的。蜂后会在一些蜂脾里产卵，幼虫由工蜂喂养。雄蜂从不工作，它们只负责使蜂后受孕。

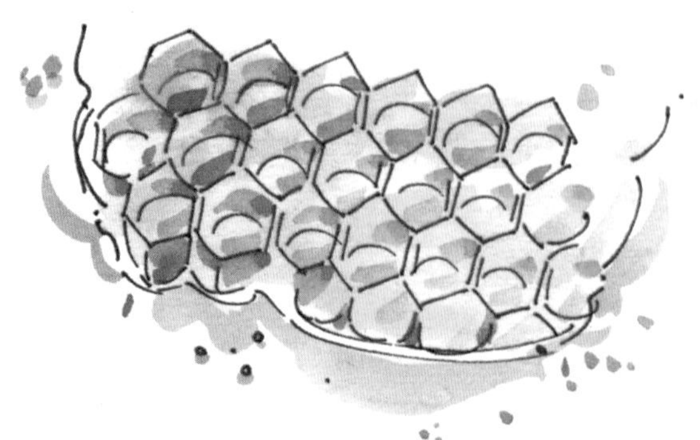

你知道吗？

木蜂是一类特别的蜜蜂，体型粗壮，体表一般呈黑色或蓝紫色具金属光泽。

并非所有蜜蜂都是社会性群居的，有很多种类的蜜蜂过着独居生活（如切叶蜂），这些种类的蜜蜂没有工蜂，雌蜂在交配后会自己筑巢。

蜜蜂有什么小秘密？

蜜蜂的种群并不是到冬天就消失了，而是它们到冬天代谢很缓慢，靠储存的蜂蜜为食。

蜜蜂的生存状况怎么样？

由于野生花朵数量减少与滥用杀虫剂的影响，再加上疾病和寄生虫使蜜蜂体质下降，目前野生蜜蜂生存状况比较艰难。

创意艺术小课堂：观察并练习画一块蜂蜡吧。

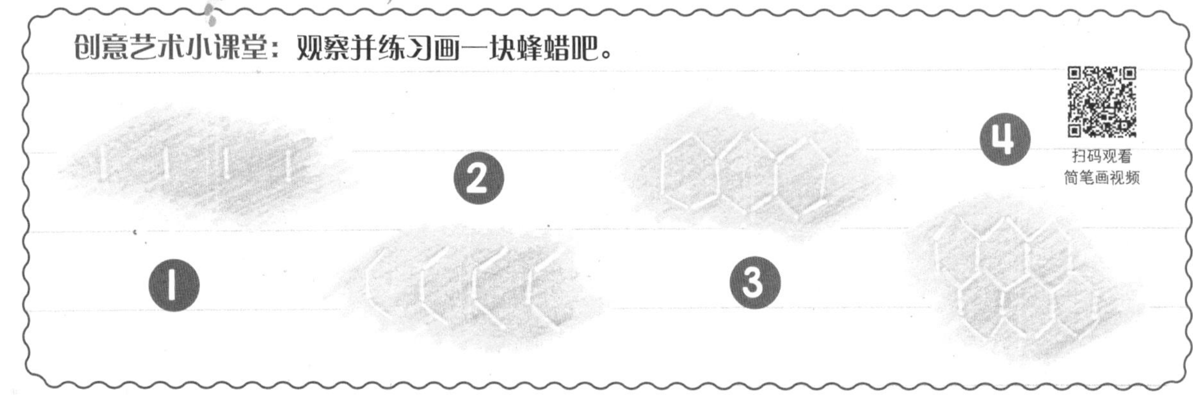

艺术家提示：用一个小木头尖（比如牙签）在纸上刻出蜂脾的形状，然后用黄色铅笔涂涂看。你会看到一块蜂蜡就这样出现在纸上啦！

熊蜂

昆虫纲，两对透明膜质翅膀

怎么辨认熊蜂?

熊蜂体型较木蜂小，全身密被绒毛。

熊蜂通体发黑，身上有两条黄带，尾部发白。

哪里能看到熊蜂?

熊蜂不停地采集花蜜，只有这样，才能够果腹和喂养幼虫。有时，熊蜂会在地面，特别是在小型啮齿动物的领地筑巢。

熊蜂怎么生活?

熊蜂群居生活，蜂群中有一只蜂王，它是唯一能够产卵的蜂。但到了秋天，蜂群里大多数熊蜂都会死去，只有年轻的蜂王能够存活，它们在苔藓或地下冬眠过冬。

熊蜂有什么小秘密?

因为不需要储存食物过冬，熊蜂储存的蜂蜜不多，只用来在恶劣天气无法出门时食用。

你知道吗?

野生熊蜂经常在地面用苔藓嫩枝筑小球状的巢。

熊蜂的生存状况怎么样?

由于土地过度开发及耕作活动的改变，多数地区的熊蜂数量都在减少。

野生熊蜂

花金龟

昆虫纲，前翅为鞘翅，后翅为膜翅

哪里能看到花金龟?

花金龟多见于夏季，它们会在花朵与流汁的树干上取食花蜜与树汁。

花金龟怎么生活?

花金龟的成虫喜欢花朵、树汁和果实，而它们的幼虫生活在朽木、腐殖土或落叶层里。幼虫停止生长时就会用身边的朽木屑、腐殖土或落叶，混合自身的粪便，制作成一个土茧，并在里面化蛹。

你知道吗?

在甜菜花上，你会看到白点青花金龟，顾名思义，它们通体黑色，体表散布着白色斑点。

白点青花金龟

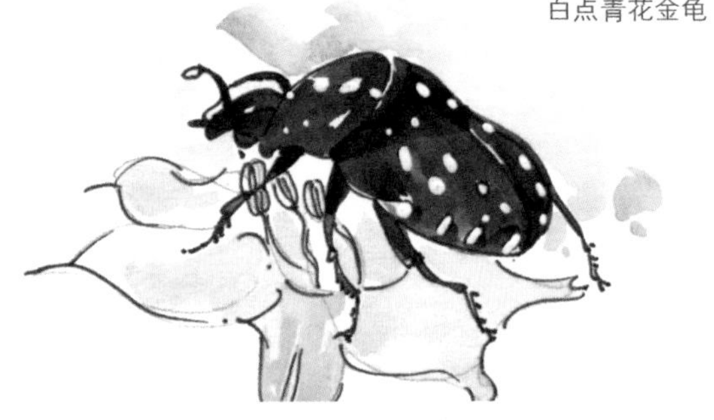

怎么辨认花金龟?

花金龟的外壳非常结实，身体扁平，前端呈三角形。

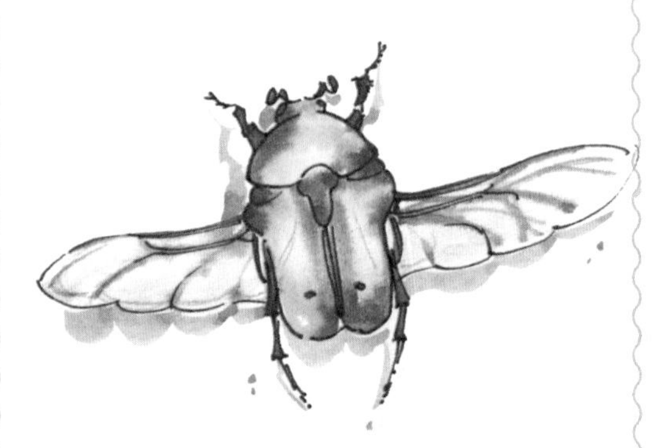

花金龟外壳表面色彩鲜艳，带有金属光泽。

花金龟有什么小秘密?

花金龟飞行时，前翅并不会展开，而是从身体侧面的缝隙中伸出后翅飞行。

花金龟的生存状况怎么样?

花金龟很常见，它们很喜欢花园中的堆肥。

锹甲

昆虫纲，前翅为鞘翅，后翅为膜翅

哪里能看到锹甲?

锹甲常见于林间的树干上，朽木与腐叶土滋养着它们的幼虫。

怎么辨认锹甲?

锹甲是一种体型很大的昆虫，雄虫具有发达的上颚，就像一个全副武装的斗士。

锹甲又名鹿角虫，雄性锹甲的上颚形似公鹿的角，也算是名副其实。这样发达的上颚是用来争夺领地与配偶的“武器”。

锹甲怎么生活?

锹甲成虫取食树汁、花蜜，幼虫取食朽木、腐殖土。雄虫多见于夏季，会在槲树和栗子树周围爬行或飞翔，伺机征服雌性锹甲。雌性锹甲上颚短小，它们会寻找朽木与腐叶土，好在上面产卵。幼虫要经过好几年才能长成成虫。

锹甲有什么小秘密?

锹甲是一种好斗的昆虫，雄性锹甲会像公鹿一样用“角”决斗，争夺雌性，输了的锹甲会落荒而逃。

犀金龟

你知道吗?

犀金龟也是体型很大的昆虫。犀金龟成虫同样常在夏夜出没，它的幼虫生活在地下，以腐烂的落叶和树木为食。有时，在花园的堆肥中也能看到犀金龟的身影。

锹甲的生存状况怎么样?

锹甲有很多种类，中国大部分省区都有锹甲分布，南方地区偏多，数量庞大。因其体型大、形状奇特而被大众喜爱，并作为宠物饲养。

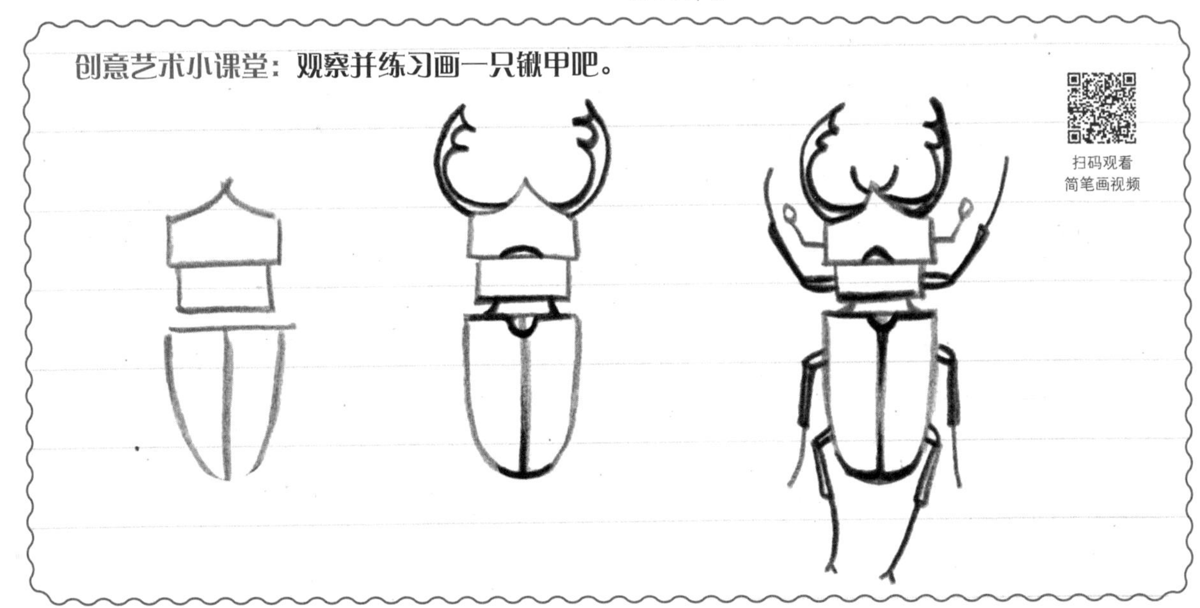

瓢虫

昆虫纲，前翅为鞘翅，有花纹

怎么辨认瓢虫？

瓢虫整个身体圆滚滚的，头常缩在胸下。

七星瓢虫身体腹部黑白相间，前翅亮红，上面有七颗星点。

七星瓢虫怎么生活？

七星瓢虫幼虫和成虫以蚜虫为食。幼虫长梭形，身体颜色黯淡，具有许多瘤突色斑点。冬天，成虫躲在树皮或者枯叶之下，等待着蚜虫卷土重来。

哪里能看到七星瓢虫？

七星瓢虫也叫“花大姐”，常见于草地、荨麻间及其他低矮的植物附近。

异色瓢虫

你知道吗?

异色瓢虫原产于亚洲东部，该类瓢虫也被引入欧洲、美洲及大洋洲等地进行害虫防治。

瓢虫有什么小秘密?

要是有鸟来啄瓢虫，它们会立刻分泌一些体液。它们用自己的体液自卫，这种“化学武器”味道可不怎么样。

七星瓢虫的生存状况怎么样?

七星瓢虫广泛分布于我国各地。由于七星瓢虫吃田间棉花和小麦蚜虫，被人们保护和人工繁殖。

创意艺术小课堂：观察并练习画一只七星瓢虫吧。

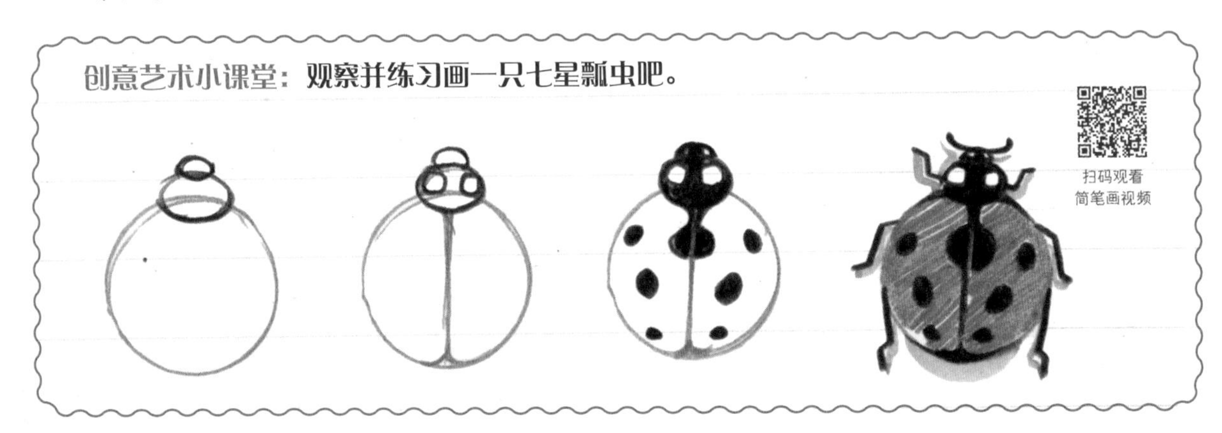

艺术家提示：可以用硬币来画一个圆。

蚜虫

昆虫纲节肢动物，两对透明翅膀或没有翅膀

哪里能看到蚜虫？

蚜虫种类庞杂、个体较小、繁殖能力强、分布范围广，长期寄居在农作物或野生植物叶背或幼茎生长点。

蚜虫怎么生活？

蚜虫在植物上成群而居，吸食植物汁液。蚜虫分有翅、无翅两种类型。有些雌性蚜虫并不产卵，而是直接生出幼虫。

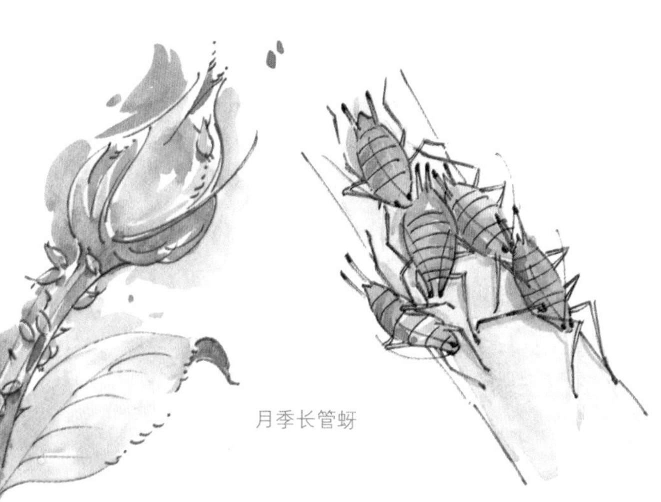

月季长管蚜

怎么辨认蚜虫

蚜虫体型很小，身体滚圆，尾部有两个小小的腹管。

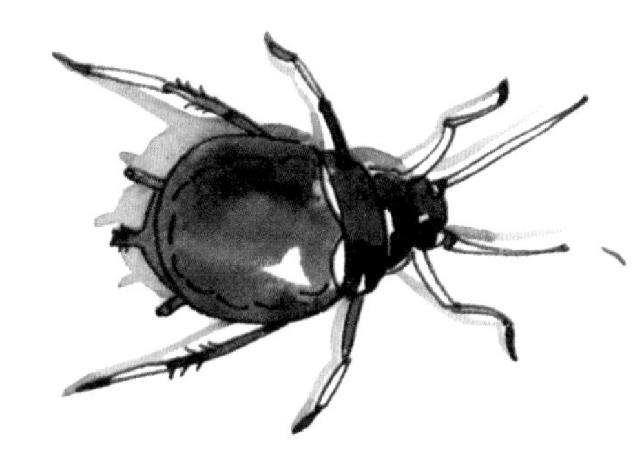

豆蚜通体发黑，有的个体背部有白点。

你知道吗？

月季长管蚜呈草绿色或粉红色，我国东北、华北、华东、华中等地均有分布。

蚜虫的生存状况怎么样？

以某些作物为食的蚜虫数量实在是太多了，因为它们已经对一般的杀虫剂产生了抗药性。

虱子和跳蚤

昆虫纲节肢动物，没有翅膀

如何识别虱子和跳蚤?

虱子是一种扁平的寄生虫，爪强弯，为攀缘足，使它们更能牢固地抓住毛发。

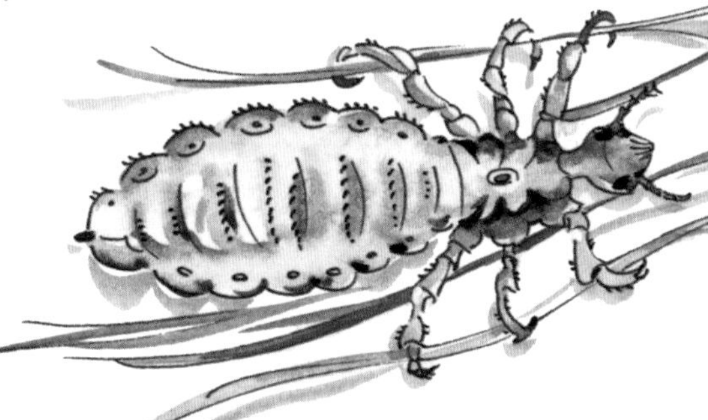

跳蚤的后足很长，能够从一种动物身上跳到另一种动物身上。

哪里能看到它们?

虱子和跳蚤的种类可多了，人虱寄生在人的毛发或衣物上，以人血为食。猫蚤生活在猫的皮毛里，有时候也会叮咬人。

它们怎么生活?

虱子用吻部戳进皮肤，吸食人类的血液。跳蚤靠吸食哺乳动物和鸟类的血液存活。

你知道吗?

刺猬是货真价实的跳蚤袋子，但它们没法自己挠痒痒。

它们的生存状况怎么样?

虱子和跳蚤的数量还是很多的。

蚯蚓

寡毛纲环节动物

怎么辨认蚯蚓？

蚯蚓没有腿。它们的身体是一节一节的，一曲一伸地前进。

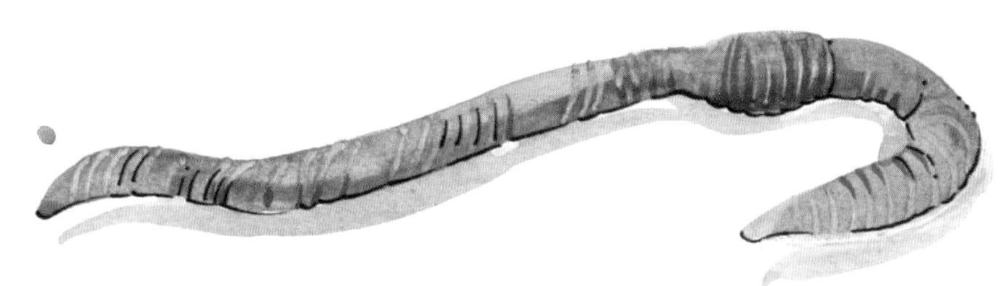

蚯蚓身上有灰色和粉色的环，你一下就认得出啦。

哪里能看到蚯蚓？

蚯蚓生活在粪堆和堆肥里。在自然界中，它们常见于枯叶堆中或花园、草丛湿润的土壤中。

蚯蚓怎么生活？

蚯蚓以腐烂的植物和土壤中的有机物为食。如果在堆肥里放上一些烂菜叶，蚯蚓会很感谢你的。由于蚯蚓的存在，垃圾变成了能够滋养花园中植物的腐殖土。

你知道吗?

陆正蚓身体是灰色和粉色的。这些小虫子并不生活在堆肥里，而是生活在湿润的土里，它们在土里挖隧道。陆正蚓把土掘出地面再吃，这些土形成一小堆，就像一管牙膏快没了，往外挤出来的形状。

陆正蚓

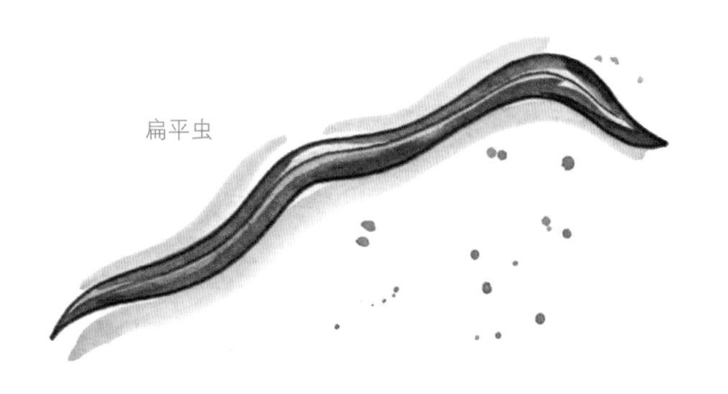

扁平虫

蚯蚓有什么小秘密?

蚯蚓身上有一种黏性物质，这利于它们在土壤中移动。如果你抓到一条蚯蚓，它很可能会从你的手指头缝里溜走。

蚯蚓的生存状况怎么样?

蚯蚓数量仍然很大。但是在某些地区，比如澳大利亚和新西兰，扁平虫会吃蚯蚓，在这些地区，蚯蚓就变得比较罕见了。

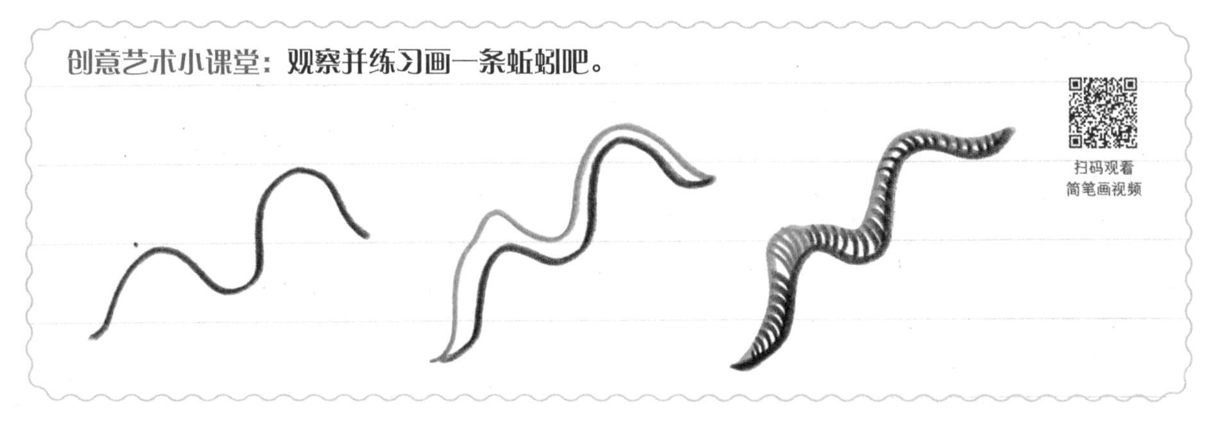

艺术家提示：画的时候，落笔时轻时重，这样你的蚯蚓就有一种立体感啦。

蜗牛和蛞蝓

腹足纲软体动物

怎么辨认蜗牛和蛞蝓?

蜗牛和蛞蝓身体肌肉强壮，不分节。

蜗牛像是有壳的蛞蝓，那蛞蝓嘛……就像是没有壳的蜗牛。

灰巴蜗牛的壳颜色很深，上面有肉色的条纹。

西班牙蛞蝓

哪里能看到蜗牛?

你可以在草地上、灌木丛里，以及雨后的路面上看到蜗牛。要找到它们太容易了，因为它们身后总是拖着一条闪闪发光的黏液痕迹。

蜗牛怎么生活?

蜗牛以嫩叶为食。它们没有腿，全靠腹部爬行。它们会分泌出一种黏液使爬行更顺畅，并在地面上留下痕迹。下雨对于蜗牛来说简直就是过节，因为下雨的时候它们行动起来容易多了。天气很干燥的时候，它们会躲进壳里。

你知道吗?

大部分蛞蝓体型很小，而且昼伏夜出。有两种体型较大的蛞蝓差不多比你的小手还长一些，它们就是西班牙蛞蝓和黄蛞蝓。西班牙蛞蝓虽然叫作红色蛞蝓，但这些家伙其实通常是黑色的。而黄蛞蝓，身上有黑色的斑点和条纹。

黄蛞蝓

它们有什么小秘密？

它们的眼睛长在头部的后一对触角顶端，遇到危险的时候触角会缩进脑袋里。

它们的生存状况怎么样？

蜗牛和蛞蝓的数量还是很多的。欧洲的一些大蜗牛属蜗牛常常被做成佳肴，尤其在法国。

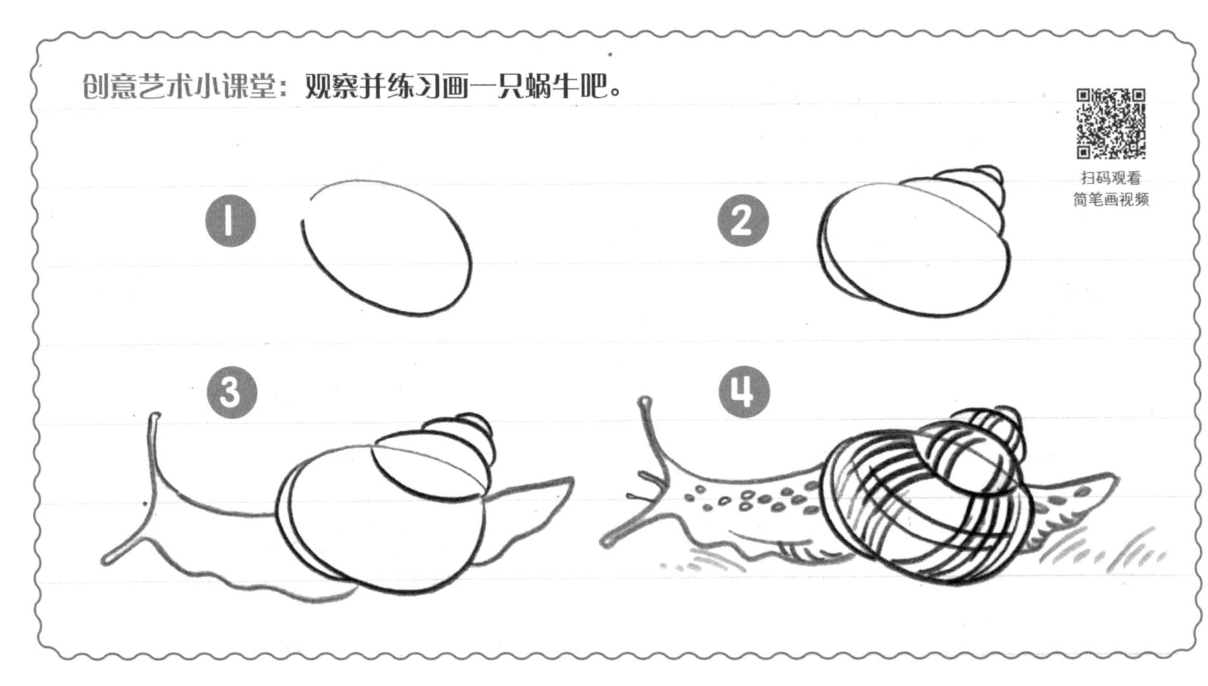

蜘蛛

蛛形纲节肢动物

哪里能看到蜘蛛?

十字园蛛是一种中国特有的蜘蛛，常见于乡村和花园中。它们会在灌木和草地上结网。

蜘蛛怎么生活?

十字园蛛只吃捕获的活的小生物。它们在夜间织网，白天的时候会躲起来，守着网等待飞虫。一旦有猎物，它们会立刻飞快地爬过去，紧咬猎物，美美地大吃一顿。

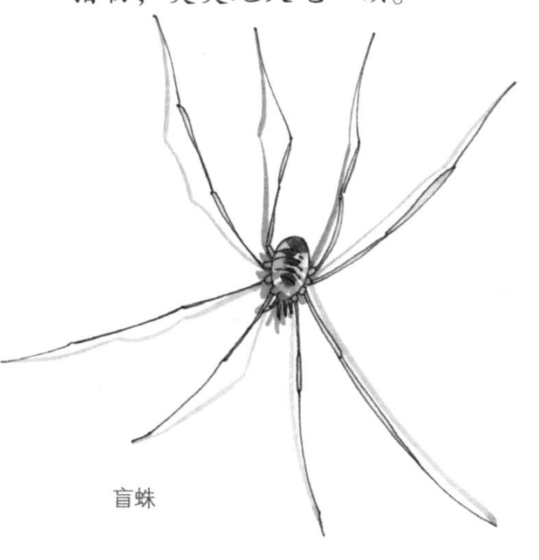

盲蛛

怎么辨认蜘蛛?

蜘蛛有八条腿，身体分头胸部和腹部两部分。蜘蛛的口器由螯肢、颚叶、上唇、下唇组成。

十字园蛛背上有白色的十字花纹，很容易就能认出它们。

你知道吗?

盲蛛身体分节不明显，体型圆润，八腿细长。它们生活在草丛里，缓慢爬行，寻找能吃的小昆虫。自然界中生活着很多种蜘蛛，就连人类的房子里也有不少。

蜘蛛的生存状况怎么样?

蜘蛛是很常见的，但一些种类由于栖息地被破坏，数量有所减少。

蝎子

蛛形纲节肢动物

怎么辨认蝎子?

蝎子有四对足，还有一对“大钳子”，尾部有毒针，这就是蝎子的模样。很少有其他动物有这样形似斗士的样子。

哪里能看到蝎子?

蝎子喜欢躲在石头缝隙和小灌木丛中，它们还会在花园的墙缝和老房子里安家。

蝎子怎么生活?

蝎子白天不怎么出门。到了晚上，它们出来捕捉鼠妇、蟑螂和其他小虫时会用上尾部的毒针。

蝎子的生存状况怎么样?

蝎子是很常见的，但部分种类由于栖息地被破坏，数量逐年减少。

你知道吗?

黄肥尾蝎全身都是黄色的，毒性非常强。好在它们只生活在灌木丛生的石灰质荒地。

蚂蚁

昆虫纲，两对透明的翅膀或没有翅膀

怎么辨认蚂蚁？

蚂蚁有弯折的膝状触角，大部分非繁殖期的蚂蚁都没有翅膀。

红褐林蚁头部和身体尾部是深褐色的，身体的中间部分是鲜艳的红棕色。

长有翅膀的红褐林蚁蚁后

哪里能看到蚂蚁？

红褐林蚁生活在森林里，它们在地下筑巢，再用掉落的松针、残叶和树枝覆于巢上。

蚂蚁怎么生活？

红褐林蚁群居而生，以昆虫为食。蚁群中有多只蚁后一起产卵。它们会生下没有翅膀的工蚁、未来的蚁后和长着翅膀的雄蚁。蚁后长大后还会建立新的族群。

蚂蚁食性广泛，种类繁多。它们常在树林、路边、墙角、花园、草丛等各种地方成群筑巢。

蚂蚁有什么小秘密？

靠近红火蚁的巢穴时，一定要非常小心。红火蚁能够向空气中释放蚁酸用以自卫，这种物质能够灼伤人或动物的皮肤，而且还有催泪的作用。

红火蚁

你知道吗？

红火蚁在地下建巢，它们生活在乡村和花园中。红火蚁腹部末端有螫针，所以千万别坐在它们的蚁穴上，不然很快就会感觉到你的屁股被“咬”啦！

黄蚂蚁常在菜地、草丛中搭建自己用土制造的蚁穴，看起来很像鼹鼠丘。它们以蔬菜、甘蔗等作物为食。

黄蚂蚁

蚂蚁的生存状况怎么样？

大部分蚂蚁仍然很常见。

艺术家提示：用你的小手指蘸着颜料在纸上按一按，让小手印当蚂蚁的头和身子吧。

螽斯

昆虫纲，前翅为一对复翅，后翅为膜质翅

哪里能看到螽斯？

螽斯常见于草丛和灌木林。在草地、荒地、树篱，有时在花园里都能看到它们。

螽斯怎么生活？

螽斯善于跳跃，捕食小虫或取食嫩叶、水果等。螽斯突出的特点是善于鸣叫，是昆虫"音乐家"中的佼佼者。雄性螽斯通过翅膀相互摩擦发出各种声响，有的就像锯木头的声音！

怎么辨认螽斯？

螽斯俗称"蝈蝈"，后足非常发达，因此螽斯能跳很高。它们的触须很细长，以此可以很容易区分螽斯和它们的近亲蝗虫。

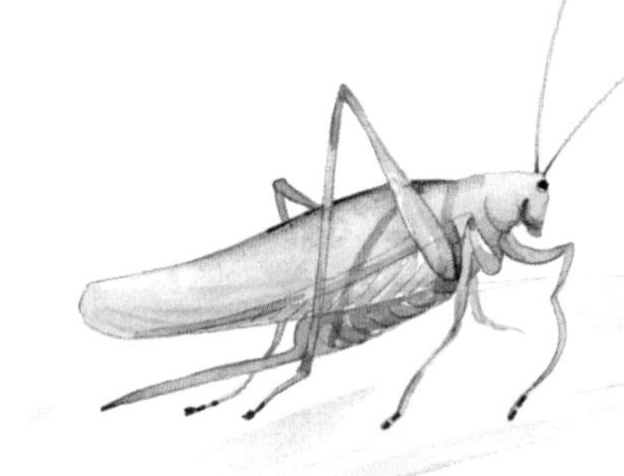

绿螽斯浑身嫩绿，翅膀折叠时很像树叶。

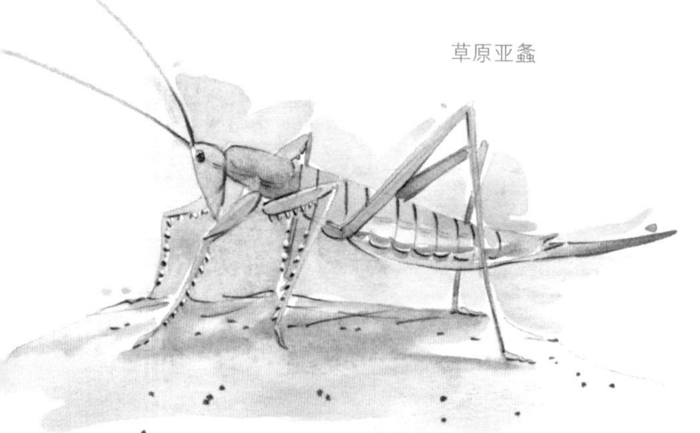

草原亚螽

你知道吗？

草原亚螽体型较大，有些雌性草原亚螽体长超过10厘米！它们的后腿非常长，但很细，看起来像弯折的高跷。

螽斯有什么小秘密？

雌性螽斯身体的尾部长有一个形似尖刀一样的产卵管，用来产卵。

螽斯的生存状况怎么样？

大部分螽斯仍然很常见，但是草原亚螽和其他的一些种类已经变得十分罕见。

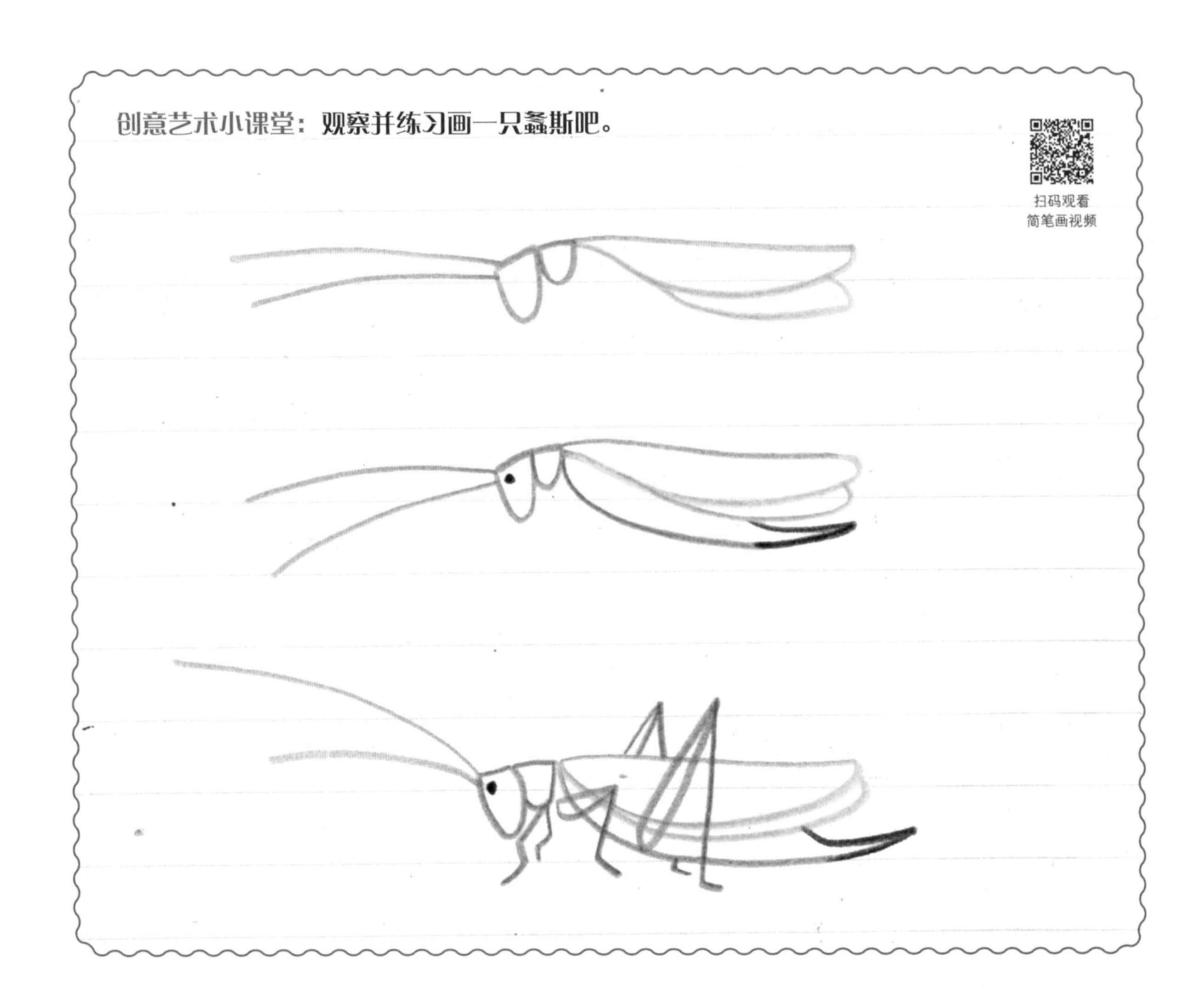

蝗虫

昆虫纲，上部有硬化的彩色翅膀

怎么辨认蝗虫?

蝗虫俗称“蚂蚱”，和螽斯一样，蝗虫后腿也很发达，能够跳很远。但是蝗虫的触角要短很多。

小翅雏蝗体型很小，外观也不尽相同，有的发绿，有的发棕。

哪里能看到蝗虫?

小翅雏蝗生活在田地、草地、荒地和路边。

蝗虫怎么生活?

小翅雏蝗一生都在草丛里度过，在那里藏身、进食。如果你靠近它们所在草地，它们会猛地一跃而逃。

你知道吗?

蝗虫种类很多，其中埃及蚂蚱体型较大，是欧洲最大的蝗虫之一。成年雌埃及蚂蚱体长可超过6厘米。

蝗虫有什么小秘密?

蝗虫的触角是感觉器官，有触觉和嗅觉作用。

蝗虫的生存状况怎么样?

大部分蝗虫种类数量还很多。

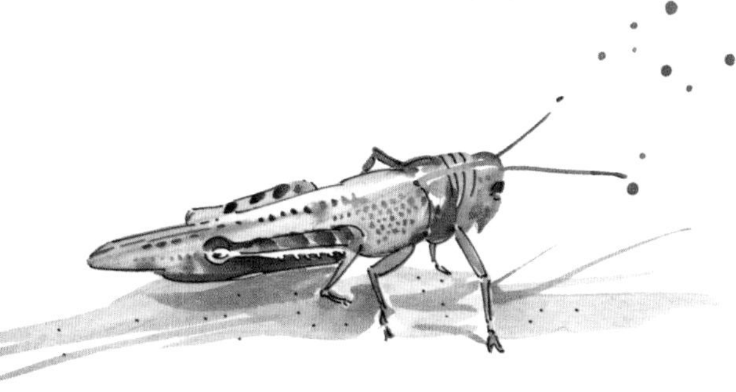

埃及蚂蚱

蝉

昆虫纲，两对透明翅膀

怎么辨认蝉？

蝉俗称“知了”，是一种体型很大的昆虫，身体壮硕。休息时，它们会把翅膀收在身体上方。

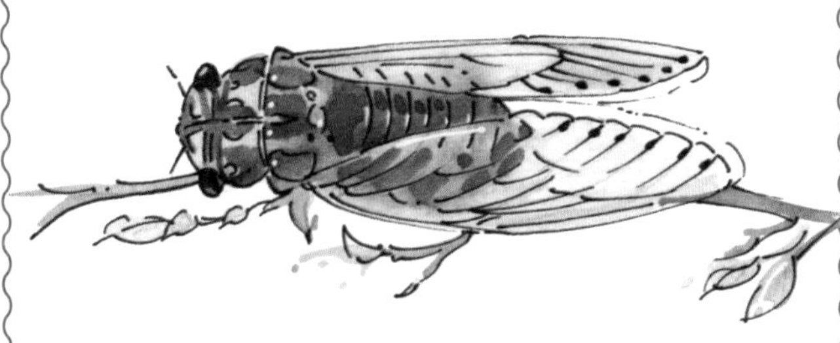

细看蝉的翅膀，会发现它们翅膀上有深色的小点。

哪里能看到蝉？

夏天在公园、学校、院子里、路边等有较大树木的地方都能听到蝉的鸣叫声，循着声音就能看到蝉。

蝉怎么生活？

蝉吸食树中的树汁为生。雄蝉歌声尖锐而持续，雌蝉在很多种植物柔软的茎秆中或树木的枝梢上产卵。

蝉有什么小秘密？

螽斯用翅膀发出声音，而蝉是用腹部下方的鼓膜发出声音的。

你知道吗？

有些种类的蝉一生绝大多数时间以若虫状态生活在地下，吸食树根的汁液生存。

红色的蝉

蝉的生存状况怎么样？

许多种类的蝉由于栖息地被破坏，数量逐年减少。

螳螂

昆虫纲，上部有硬化的彩色翅膀

螳螂怎么生活?

薄翅螳螂以其他昆虫为食。它们可以在草尖上或小树枝上一动不动，躬着前腿，一身绿衣让它们很难被发现。这时如果有苍蝇、蝴蝶或别的昆虫靠近，它们会猛地伸出前肢把猎物牢牢抓住，放到嘴里，享受一顿美餐。雌螳螂产的卵粒会包裹在一大块柔软的“卵鞘”里。

怎么辨认螳螂?

螳螂似镰刀般捕捉式的前足十分惹人瞩目，很好辨认。

薄翅螳螂一身嫩绿，有时呈淡褐色。

哪里能看到螳螂?

薄翅螳螂主要生活在草丛和灌木丛中，善于伪装，不易发觉。

螳螂有什么小秘密?

蝗螂的头能转动，它们甚至不用转身就能知道自己身后发生了什么！

椎头螳螂成虫

椎头螳螂幼虫

你知道吗?

椎头螳螂很好辨认，它们头上有尖尖的“帽子”。椎头螳螂若虫会把尾部在后背卷起待在灌木上。椎头螳螂的卵鞘要比薄翅螳螂的卵鞘小一些。

螳螂的生存状况怎么样?

螳螂还是很常见的，很多地方也有人工养殖。

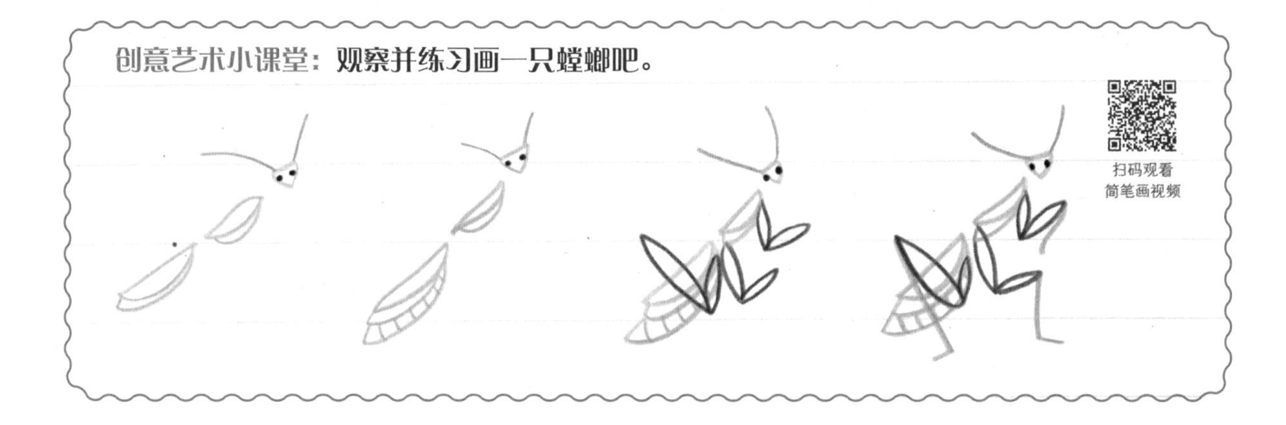

蜻蜓

昆虫纲，两对透明的翅膀

怎么辨认蜻蜓?

蜻蜓身体修长，胸部长有两对狭长的翅膀，触角短细，在远处就能通过它们的轮廓辨认出来。

帝王伟蜓背部呈黑蓝色，侧面是绿色的。

哪里能看到蜻蜓?

帝王伟蜓是体型较大的一种蜻蜓，它们的翅展可长达11厘米。几乎到处都能看到这种蜻蜓，水边尤其常见。一小片水潭就能让它们心满意足。

蜻蜓怎么生活?

帝王伟蜓和其他蜻蜓一样，一边飞行一边捕捉其他昆虫。抓住猎物后，它们会停落在某个支撑物上开始进食。雌性帝王伟蜓除了捕食其他昆虫外，还会捕食蝌蚪和小鱼。

你知道吗?

蜻蜓是一类比较原始且种类较多的昆虫，全世界约有5000种。

蓝彩细蟌

蜻蜓有什么小秘密?

蜻蜓头上长有很大的复眼。蜻蜓的视力非常好，不需要转头就可以看到背后!

蜻蜓的生存状况怎么样?

由于河水受到污染，蜻蜓已经不像过去那样到处可见。

创意艺术小课堂：观察并练习画一只蜻蜓吧。

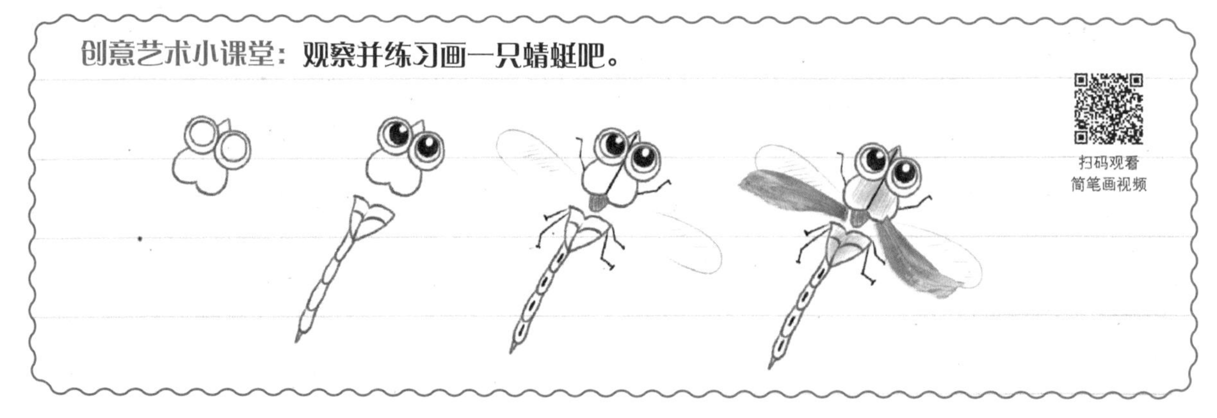

艺术家提示：可以用生蒜的表皮代替蜻蜓的翅膀。

蝽

昆虫纲，前翅前半部骨化

哪里能看到蝽？

红尾碧蝽常见于草丛和灌木丛，因为它们身上的颜色和植物太接近了，实在很难发现它们。冬天，红尾碧蝽会更贴近地面，在树洞中藏身，甚至会躲进人类的房屋里。

蝽怎么生活？

红尾碧蝽是“素食主义者”，它们用刺吸式口器刺进植物吸食汁液。

蝽有什么小秘密？

蝽胸部腹面多有臭腺，这使它们“臭名远扬”。的确，红尾碧蝽在遇到危险时会释放很难闻的液体！

你知道吗？

红蝽是另外一类蝽。黑红相间的红蝽经常成群生活在地面、椴树树干上和植物之间。它们以嫩种子和昆虫尸体为食。

怎么辨认蝽？

蝽俗称“臭板虫”，身体扁平，颜色丰富。

红尾碧蝽夏季呈碧绿色，到了冬天转为灰褐色。

红蝽

蝽的生存状况怎么样？

蝽仍然很常见。

蠼螋

昆虫纲，腹末有硬化的尾须

雄性蠼螋

雌性蠼螋

怎么辨认蠼螋？

蠼螋身体尾部有一个大钳子。雄性蠼螋和雌性蠼螋长得不一样。

哪里能看到蠼螋？

蠼螋通常夜间活动，在地面上、草丛里或树木间觅食。白天，它们躲在石头缝或者树皮里，由于身体扁平，它们很容易躲进细缝。

蠼螋怎么生活？

蠼螋不挑食，几乎有什么吃什么，如小嫩叶、花朵、其他小昆虫，甚至包括其他蠼螋！

黑蠼螋

蠼螋有什么小秘密？

雌性蠼螋会细心呵护自己的宝宝。它们会抚摸守护自己的卵，直到小蠼螋孵化出来，之后它们还会继续保护自己的若虫宝宝。

你知道吗？

黑蠼螋全身都是黑色的，没有翅膀，在法国南部地区十分常见。它们生活在地面、草地、荒地和田地里，它们不会攀爬。

蠼螋的生存状况怎么样？

与以前相比，蠼螋数量有所下降，但还是很常见的。

天蚕蛾

昆虫纲，两对有彩色鳞片的翅膀

怎么辨认天蚕蛾?

天蚕蛾翅膀上有很大的圆形斑点，像孔雀尾巴上的图案。天蚕蛾体型较大，翅展可达16厘米。它们实在是太大了，人们有时候会把它们认成蝙蝠！

哪里能看到天蚕蛾?

天蚕蛾常见于林边、树篱、果园、公园和花园，这些地方的白蜡树、李树等可以为它们的幼虫提供食物。

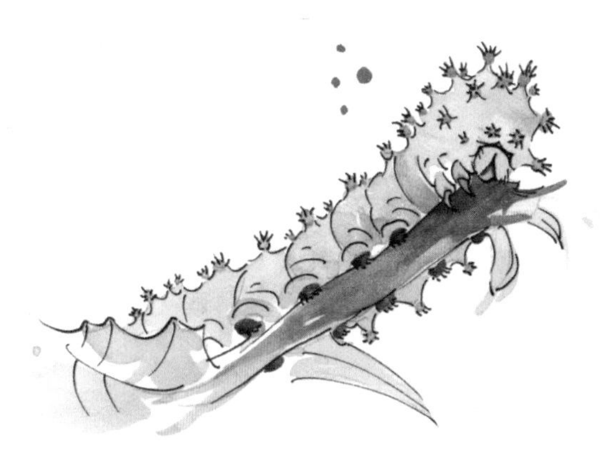

天蚕蛾怎么生活?

天蚕蛾夜间活动，白天就落在墙上、树干上或者灌木丛上。它们的幼虫能长到12厘米长，通体发绿，身上有蓝色的大斑点，长满毛刺。幼虫会结出很大的茧，躲在里面化蛹，最后破茧成蛾。

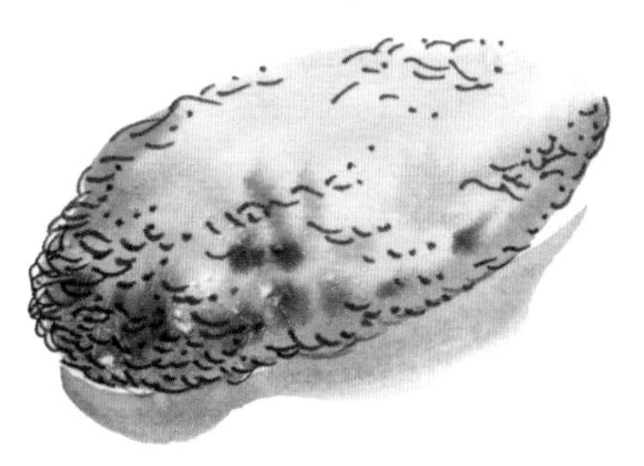

天蚕蛾有什么小秘密？

雄性天蚕蛾能够嗅到几公里以外的雌性天蚕蛾的气味，然后飞向它。

你知道吗？

天蚕蛾曾被用于进行杂交和变异等遗传学研究。

小天蚕蛾

天蚕蛾的生存状况怎么样？

天蚕蛾数量仍然很多，但在杀虫剂和路灯照明的影响下，现在比之前数量少了很多。

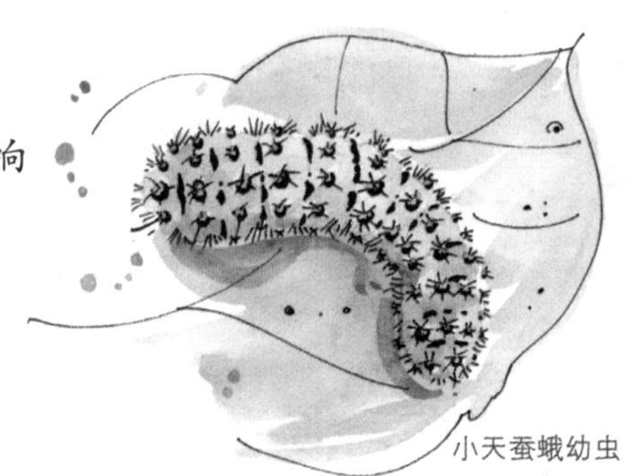

小天蚕蛾幼虫

艺术家提示：先画出左侧的翅膀，再对称画出右侧的翅膀就可以啦。

金凤蝶

昆虫纲，两对有彩色鳞片的翅膀

怎么辨认金凤蝶?

金凤蝶是白天活动的蝴蝶，后翅拖着两条小尾巴。

金凤蝶身上有黑色斑点。

哪里能看到金凤蝶?

金凤蝶多见于草地和花园，那里有供金凤蝶幼虫的食物：胡萝卜和茴香。

金凤蝶怎么生活?

金凤蝶靠吸食花蜜为生。雌蝶围着茴香和胡萝卜飞，并在上面产卵。幼虫长得非常快，身体开始是黑白色，之后会变成绿色，身上带有橙色的斑点。

金凤蝶的生存状况怎么样?

金凤蝶现在还是很常见的。然而，由于灌木篱墙的清除和草地的消失，金凤蝶数量也随之减少。

金凤蝶有什么小秘密?

用手指拨弄金凤蝶幼虫的话，它们会从胸部前端伸出一种橙黄色的叉状物，味道非常难闻，这是它们自保的方法。

你知道吗?

在乡村和草地，茂盛的黑刺李正是旖凤蝶幼虫的大餐，那里你可以看到旖凤蝶。

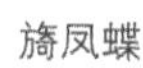

旖凤蝶

鼠妇

甲壳纲节肢动物

如何识别鼠妇?

鼠妇的身体由多个环节构成，外面有一层甲壳，像是人的铠甲一般。它们有14条腿，常常藏在身体下面。

鼠妇身体发灰，如果受到攻击，它就会蜷成一个团。

鼠妇

哪里能看到鼠妇?

它们生活在潮湿的地面、墙角和树皮下面。

鼠妇怎么生活?

鼠妇以枯死的植物残余为食。它们夜间活动，白天则躲在缝隙中。

鼠妇有什么小秘密?

鼠妇是一种接近于虾和蟹的甲壳纲动物。和它们水中的表亲海蟑螂一样，鼠妇也用鳃呼吸。它们只能生活在非常潮湿的地方。

你知道吗?

鼠妇常见于房前屋后的角落，房屋里面也能看到它们。你要是总在洗碗槽附近看到它们，这可不是什么好事，那说明你家肯定是哪里漏水了!

鼠妇的生存状况怎么样?

鼠妇现在还是很常见的。

蚊子

昆虫纲，有一对透明翅膀和一对平衡棒

蚊子怎么生活？

雄蚊吸食花蜜，雌蚊吸血产卵。雌蚊主要吸人和动物的血液。

你知道吗？

白纹伊蚊，也被称为亚洲虎蚊。白纹伊蚊全天都有吸血现象，是一种攻击性很强的蚊子。它可以传播很多病原体，包括登革热病毒、罗斯河病毒和西尼罗病毒。

蚊子有什么小秘密？

蚊子喜欢叮咬体温较高、爱出汗的人。因为体温高、爱出汗的人身上分泌出的气味，极易引诱蚊子。

白纹伊蚊

怎么辨认蚊子

蚊子身体修长，腿长，还有一个刺吸式口器。雄蚊触角很大，长了许多细毛。

蚊子尾部发棕，上有白环，很好辨认。

蚊子的生存状况怎么样？

为了不让蚊子数量过多，我们不得不消灭蚊子！

苍蝇

昆虫纲，有一对透明翅膀和一对平衡棒

怎么辨认苍蝇？

苍蝇有两只红色的眼睛，触角有肌肉，很有力气。

丽蝇表面具有金属光泽。

哪里能看到丽蝇？

丽蝇的幼虫（蛆）生活在各种动物尸体、粪便、腐烂的食物里，它们随处可见。

丽蝇怎么生活？

天气凉爽的时候，丽蝇喜欢在墙上、树干上、叶片上晒太阳。它们喜欢吸食花蜜，但也会舔食新鲜的粪便和动物尸体，还会在上面产卵！

你知道吗？

家蝇的幼虫、蛹和成虫体内含有16种以上氨基酸的高蛋白质，体表有高纯度的几丁质，被提取后广泛应用到工业、医药、农业、食品等方面。

苍蝇的生存状况怎么样？

苍蝇还是很常见的，但是没有以前多了，这是因为养殖技术的发展，许多养殖户会用杀虫剂喷洒圈肥，防止苍蝇大量繁殖。

家蝇

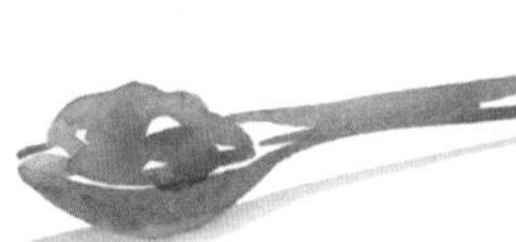

蜈蚣

多足纲节肢动物

怎么辨认蜈蚣?

蜈蚣有一千条腿肯定是夸张的说法。蜈蚣的身体由多个环节构成，几乎每个环节都有腿。

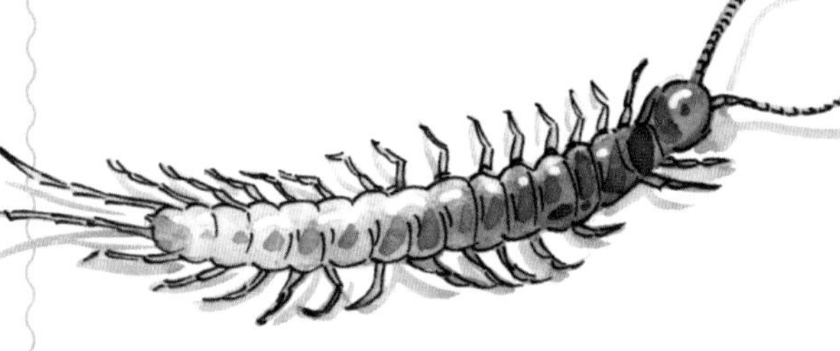

蜈蚣身体硕大扁平，呈棕红色。

哪里能看到蜈蚣?

蜈蚣常见于石头下、树皮下、土地的缝隙间。

蜈蚣怎么生活?

蜈蚣食青虫、蜘蛛、蟑螂等。它们嘴边有两个有力的钩子，用来抓小虫。不要试着抓它们，因为被它们咬的话你可要难受了。

你知道吗?

另一种“腿”很多的虫子马陆以腐败的植物为食，感觉受到威胁时，它们会缩成一团。很多人会将马陆误认为蜈蚣，但其实它们是节肢动物下的两个分支。

蜈蚣的生存状况怎么样?

蜈蚣现在仍然很常见，很多地方有人工养殖。

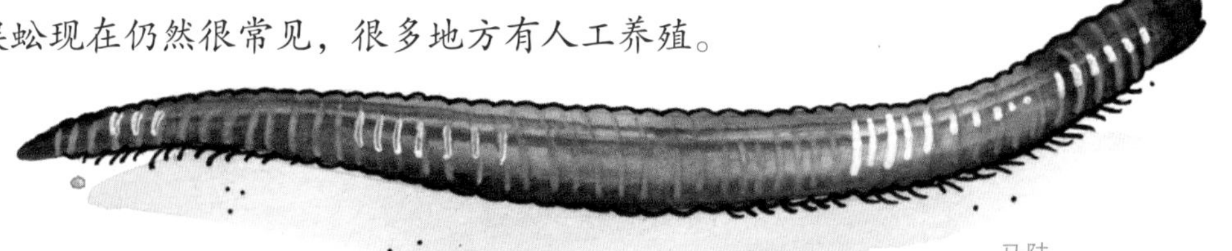

马陆

图书在版编目（CIP）数据

给孩子的自然百科．当孩子遇见虫子 /（法）樊尚·阿勒布伊著；（法）罗莉亚娜·舍瓦里耶绘；董馨阳译．—西安：世界图书出版西安有限公司，2021.10

ISBN 978-7-5192-6671-4

Ⅰ．①给…　Ⅱ．①樊…　②罗…　③董…　Ⅲ．①自然科学—儿童读物　②昆虫—儿童读物　Ⅳ．① N49　② Q96-49

中国版本图书馆 CIP 数据核字（2020）第 063823 号

书　　名　给孩子的自然百科
著　　者　[法] 樊尚·阿勒布伊
绘　　者　[法] 罗莉亚娜·舍瓦里耶
译　　者　董馨阳
策　　划　赵亚强
责任编辑　王　冰　李　钰
项目编辑　刘晓英　吴谭佳子
　　　　　符　鑫　徐　婷
美术编辑　吴　彤
版权联系　吴谭佳子
出版发行　世界图书出版西安有限公司
地　　址　西安市锦业路 1 号都市之门 C 座
邮　　编　710065
电　　话　029-87214941　029-87233647（市场营销部）
　　　　　029-87234767（总编室）
网　　址　http://www.wpcxa.com
邮　　箱　xast@wpcxa.com
经　　销　新华书店
印　　刷　深圳市福圣印刷有限公司
成品尺寸　200mm × 200mm　1/16
印　　张　14
字　　数　180 千字
版　　次　2021 年 10 月第 1 版
印　　次　2021 年 10 月第 1 次印刷
版权登记　25-2019-282
国际书号　ISBN 978-7-5192-6671-4
定　　价　180 元（全 4 册）